艺

艺术设计表现技法丛书

SERIES OF ART DESIGN REPRESENTATION

建筑设计表现技法

宁绍强 谢杰 卫鹏 编著

合肥工业大学出版社

图书在版编目(CIP)数据

建筑设计表现技法/宁绍强，谢杰，卫鹏编著.—合肥：合肥工业大学出版社，2007.2
(艺术设计表现技法丛书)
ISBN 978-7-81093-544-9

Ⅰ.建… Ⅱ.①宁…②谢…③卫… Ⅲ.建筑设计 Ⅳ.TU2

中国版本图书馆CIP数据核字(2007)第013057号

建筑设计表现技法

Jianzhushejibiaoxianjifa

建筑设计表现技法　宁绍强　谢杰　卫鹏　编著　责任编辑　方立松

出　版	合肥工业大学出版社	版　次	2007年2月第1版
地　址	合肥市屯溪路193号	印　次	2010年9月第2次印刷
邮　编	230009	开　本	889×1194　1/16
电　话	0551-2903198	印　张	6　　字数　177千字
网　址	www.hfutpress.com.cn	发　行	全国新华书店
E-mail	press@hfutpress.com.cn	印　刷	安徽联众印刷有限公司

ISBN 978-7-81093-544-9　　定价：39.00元

人们的物质需求和审美价值取向以及人类的生活态度和生活方式，在科学技术迅猛发展、物质产品极大丰富的今天，正在发生并已经发生了巨大的变化。就艺术设计而言，社会发展不仅对我们的设计观念、创意表达、造物手段与方法等思维和行为方式提出了挑战，同时也成为今天摆在每一位设计师面前亟待思考和解决的课题。在新的形势下，以国际视野重新审视传统，跟上时代发展的步伐，这是建设自主创新型国家的需要，同时也是每一个设计师、设计教育者的责任与使命。

创新是一个民族的灵魂，是一个民族延绵不竭的原动力。从思维科学和设计学的角度来看，人的创造力（在某种意义上讲就是设计能力）是无限的，但这种创造力能否以物化的方式表现出来，最终服务于社会生产、生活，则受限于多种因素。社会经济发展的水平和科学技术的进步，既为我们提供了探索创造性使用新材料、新工艺、新技法的可能，同时也使人们面临着新一轮的挑战，并促使人们不断追求卓越和完美。

任何一种技法，都经历了一个从传承——演进——消亡的生命周期。对于艺术设计而言，所谓新的技法，必然建立在某种条件（包括已经成熟的技法）的基础之上。从广义上讲，这是一个不断完善、传承与超越的过程。技法研究既具有学科综合交叉的知识背景，又具备实践性和研究性强的特征，因此，在艺术设计中，我们不仅要具有掌握成熟的技法成果的能力，而且还要主动探索新的发展趋势，使我们对技法的研究与应用能够与时代前沿相契合，与未来的发展方向相吻合。

在以计算机作为主要辅助设计工具的条件下，对于设计的原创性思考显得尤为重要。这不仅有设计本身性质的原因，也是当今设计的价值趋向所在。目前，以计算机代替手艺，以软件功能代替思考，以图库中的图片进行拼凑、组合、完成设计的现象，充分反映了一部分设计者在面对新形势和新变化情况下不知所措，急功近利的盲目与失态。忽视心脑合一，内容与形式统一的设计原则，不仅是对设计本质的一种曲解，而且也给设计的良性循环与可持续发展造成了不可弥补的负面影响。

技法的创新和实践，始终离不开准确传达信息的基本设计要求，以及与受众积极互动的特质。设计本身肩负着人类创造最佳生活方式、状态和社会价值的使命与责任。如果说设计理念是设计环节中最重要的部分，那么对设计技法的研究也是在其理念支配下的重要因素，因此，脱离设计目标的技法其存在价值都将可能表现出与设计本质相背离的倾向。由于各种原因，传统设计教育存在着重技法、轻理念的现象，而在时代进步的今天又出现了重创意、轻技法的问题，其所带来的种种弊端，已引起设计界和设计教育界的关注和思考。

由合肥工业大学出版社组织编写的这套艺术设计表现技法教材，就是通过教材的创新，特别是对设计技法理念的创新，来促进设计艺术学的健康发展，这种有益的尝试，必然对设计艺术的教育与实践产生积极的作用与影响。

清华大学美术学院副院长 何洁

2006年4月

目录
CONTENTS

第一章 建筑设计表现概论

第一节 建筑设计表现的形式与内容
第二节 建筑设计表现的风格及特点

当代建筑设计表现作为一门独特的艺术与技术相结合的学科为人们所接受，建筑设计表现所体现的已不仅是实用的物质存在，而是具有艺术欣赏价值和表现个性气质，有生命的环境艺术品，建筑设计表现的工作正是为了达到这一目的的创造性活动。

建筑是人们生活最熟识的一种存在。住宅、学校、商场、博物馆等是建筑，纪念碑、候车亭、标志等也属于建筑的范畴。任何时候，人们都在使用着建筑，谈论着建筑，体验着建筑。从狭义上讲，建筑是一种提供室内空间的遮蔽物，是区别于暴露在自然的日光、风霜雨雪下的室外空间的防护性构筑物。因此，可以简单地认为建筑就是房屋，是能够提供居住、生活环境的物质条件。

由于建筑设计表现工作是一项艺术性很强，技术要求十分精巧的创造性劳动，加之应用的范围非常广泛，内容和表现形式的多种多样，相应要求设计师具有丰富而广博的知识，较高的艺术修养，敏锐的感知和解决实际问题的综合能力。本门课程的学习，是未来设计师逐步具备以上素质的必由之路，通过学习、训练、实践、积累打下扎实的基础，以便尽快地适应即将到来的实际设计工作。

第一节 建筑设计表现的形式与内容

在人类历史的长河中，人类要求生活更舒适、更适用的愿望，成为推动仅具有避难所功能的建筑不断发展的动力。现代建筑设计表现必须进一步满足和利用这个动力将功能和美结合起来构成各种各样的预想空间。建筑设计表现概括起来就是为了满足人们对生活、休息、工作和进行社会活动的需要，为提高空间的心理和生理环境的质量，对建筑物主体及外部空间给予一体的考虑、布置和安排。

建筑设计是指为满足一定的建造目的（包括人们对它的使用功能的要求、对它的视觉感受的要求）而进行的设计，它使具体的物质材料在技术、经济等方面可行的条件下形成能够成为审美对象的产物。

一、建筑设计表现的形式

建筑设计表现的形式，包括了形成建筑物的各个相关的设计行为，一般情况下，建筑设计表现的形式包括了建筑设计的深度和建筑设计的题材两个方面。

（一）建筑设计的深度

1. 建筑方案设计

建筑方案设计主要是通过平面、剖面和立面等图样，围绕着一定的目标形式，或者结合设计项目具体的规则、特点，通过艺术的创造和工程技术之间的相互结合，将设计意图表达出来。（图1-1）

图1-1 建筑方案设计表现

2. 建筑初步设计

建筑初步设计，又可以称为建筑设计初步，它是围绕着一定的理论知识，对相关建筑有联系的诸如外部空间环境，包括建筑道路景观、建筑小品等艺术形式，用具体的图样表现出来，以便工程竣工后对其环境和建筑外观有个比较和审查的过程。（图 1–2）

图 1-2 建筑初步设计表现

3. 建筑施工图设计

建筑施工图主要是将已经批准的初步设计图，从满足施工的要求予以具体化，为后期的施工安装，编制施工预算，为安排材料、设备和非标准构配件的制作提供完整的、正确的图纸依据。（图 1–3）

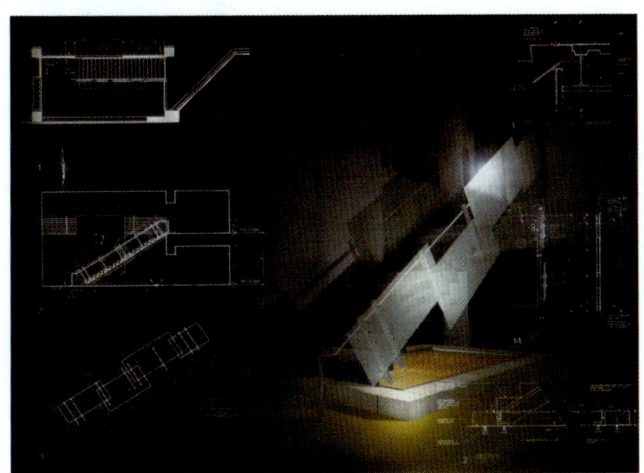

图 1-3 建筑施工设计表现

（二）建筑设计的题材

1. 实体设计

实体设计又称为命题设计、目标设计，它是实际工程运用中，借助已有的设计要求和尺度关系去表现建筑物和与其相适应的外部环境，在这个过程中，设计师大多的思维要围绕着专家或已定的设计要求，逐步展开设计工作。现代大多的建筑设计工程都属于此类。（图 1–4）

图 1-4 实体设计表现

2. 虚拟设计

虚拟设计又称为模拟设计、预想设计等，它可以依据一定的形式、规则进行无规则，大胆创意性的设计，也可以是面对一项无规则，却有一定意义的设计行为展开遐想。通常情况下，虚拟设计不需要考虑过多的工程施工技术等问题，更多的是体现一种纯设计上的理想、概念化的行为艺术。（图 1–5、图 1–6）

图 1-5 海中建筑的虚拟设计表现

图 1–6 未来城市建筑的虚拟设计表现

二、建筑设计表现的内容

通常，根据建筑设计的性质和施工特点不同，建筑设计表现的内容可以分为：建筑结构设计、建筑物理设计（建筑声学设计、建筑光学设计、建筑热学设计）、建筑设备设计（建筑给排水设计，建筑供暖、通风、空调设计，建筑电气设计）等。

建筑设计表现的内容虽然很广泛，但相互间的联系却是少不了的，如建筑结构自身要考虑到通风、采光、隔声、隔热、防寒等功效，建筑设备的设计也要考虑到建筑结构的承重和美学特征等。因此，作为设计师，重要的是要掌握设计的方法、原则，然后加以灵活的运用。

第二节 建筑设计表现的风格及特点

建筑设计表现的风格及特点，要从中外建筑本身的发展、诞生的风格特点着手。下面就中国主要建筑风格和进行阐述。

中国古代建筑类型虽多，但可以归纳为四种基本风格。

1. 庄重严肃的纪念型风格。大多体现在礼制祭祀建筑、陵墓建筑和有特殊涵义的宗教建筑中。其特点是群体组合比较简单，主体形象突出，富有象征涵义，整个建筑的尺度、造型和涵义内容都有一些特殊的规定。例如古代的明堂辟雍、帝王陵墓、大型祭坛和佛教建筑中的金刚宝座、戒坛、大佛阁等。（图 1–7）

图 1–7 以仰视视角表现庄重严肃的纪念型风格建筑

2. 雍容华丽的宫室型风格。多体现在宫殿、府邸、衙署和一般佛道寺观中。其特点是序列组合丰富，主次分明，群体中各个建筑的体量大小搭配恰当，符合人的正常审美尺度；单座建筑造型比例严谨，尺度合宜，装饰华丽。（图 1–8）

图 1–8 以严谨比例与华丽装饰表现雍容华丽的宫室型风格建筑

3. 亲切宜人的住宅型风格。主要体现在一般住宅中，也包括会馆、商店等人们最经常使用的建筑。其特点是序列组合与生活密切结合，尺度宜人而不曲折；建筑内向，造型简朴，装修精致。（图 1–9）

图 1–9 以俯视或侧视表现亲切宜人的住宅型风格建筑

4. 自由委婉的园林风格。主要体现在私家园林中，也包括一部分皇家园林和山林寺观。其特点是空间变化丰富，建筑的尺度和形式不拘一格，色调淡雅，装修精致；更主要的是建筑与花木山水相结合，将自然景物融于建筑之中。以上 4 种风格又常常交错体现在某一组建筑中，如王公府邸和一些寺庙，就同时包含有宫室型、住宅型和园林型 3 种类型，帝王陵墓则包括有纪念型和宫室型两种。(图 1–10)

图 1–10　以国画形式表现自由委婉的园林风格建筑

第二章 建筑设计的表现基础

第一节 建筑设计使用的工具种类

第二节 建筑设计使用透视原理

第三节 建筑设计构图与场景处理

第一节 建筑设计使用的工具种类

在建筑设计表现图的过程中，需使用许许多多的工具与材料，其中一部分，是我们经常会用到的，有少部分则是我们绘制表现图的专用工具。

一、笔的种类

铅笔、彩色铅笔、碳素笔、钢笔（包括普通钢笔、弯头钢笔、针管笔）、麦克笔、色粉笔、油画棒、油画笔、水粉笔、水彩笔、毛笔（包括大小狼毫、羊毫）、底纹笔、板刷（包括鬃毛、羊毛）、气泵与喷笔等。（图 2-1 至图 2-3）

图 2-1 不同种类的表现图用笔

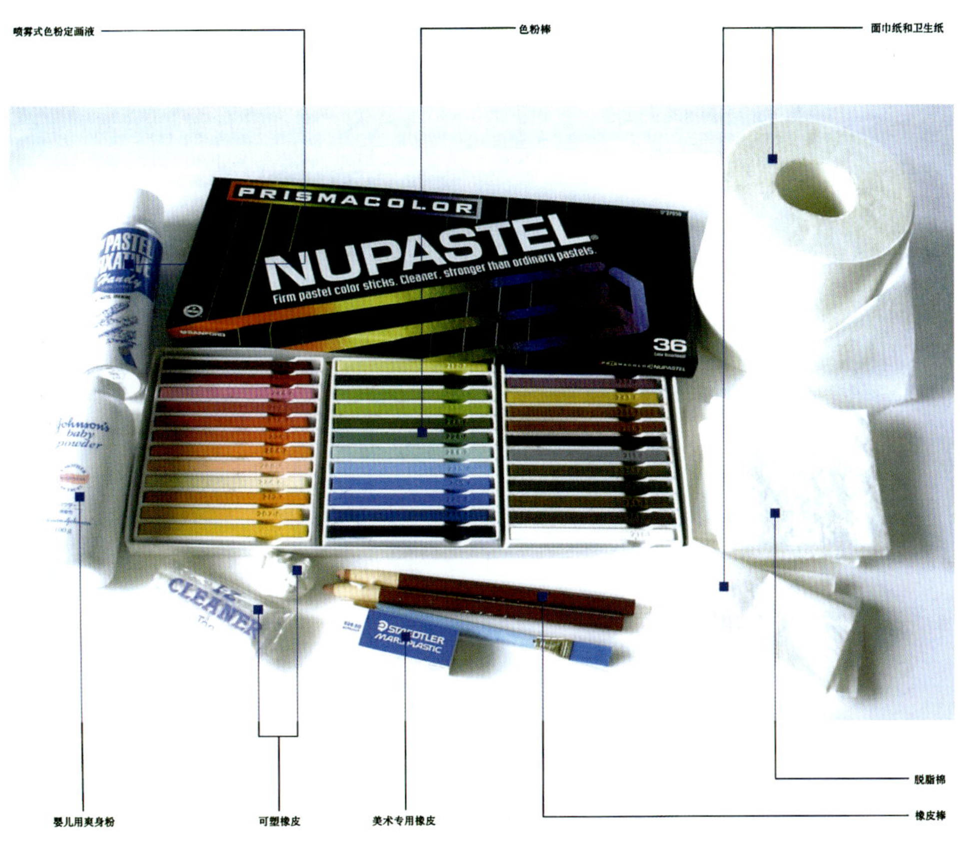

图 2–2　色粉笔表现技法用品

图 2–3　彩色铅笔表现技法用品

二、纸的种类

绘图纸、描图纸、水彩纸、素描纸、书写纸、复印纸、铜版纸、白卡纸、黑卡纸、色卡纸。(图 2-4、图 2-5)

图 2-4　各种表现图专用绘图纸

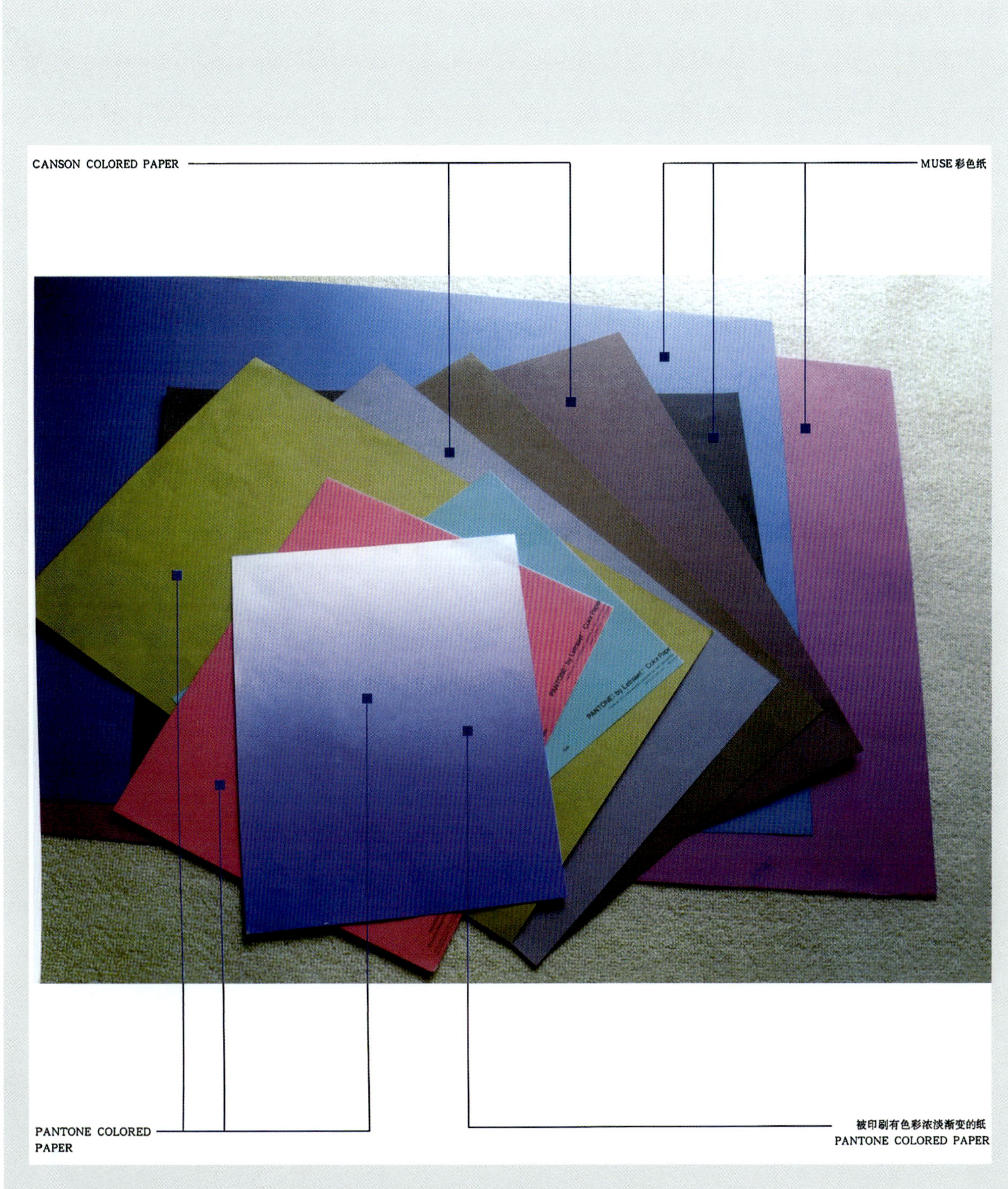

图 2-5　各种表现图专用色卡纸

三、颜料的种类

水粉颜料、水彩颜料、透明水色。

四、其他工具

直尺、界尺、丁字尺、三角板、圆规、蛇形尺、曲线板、美工刀、橡皮、胶水、双面胶、不干胶。(图 2–6)

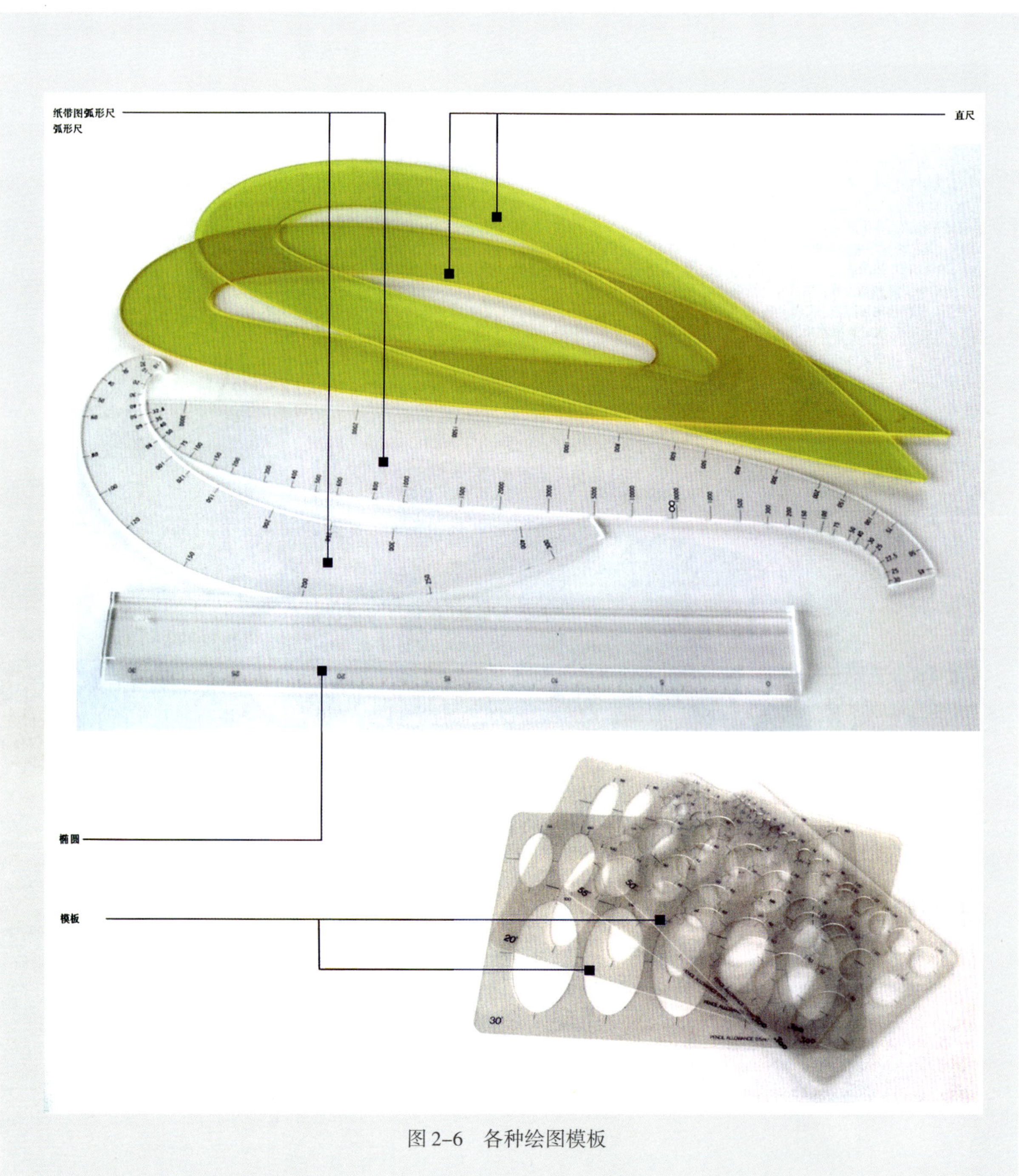

图 2–6　各种绘图模板

第二节　建筑设计透视原理

建筑设计效果图是一种三维空间的形体转换成具有立体感的二维空间画面的绘画技法，掌握基本的透视制图法则，是绘制透视效果图的基础。由它绘制的图像逼真，给人以较为全面的总体印象，非常富于表现力。

同时，采用透视图绘制的建筑设计表现图，还可以作为施工验收的标尺，也可以作为施工人员全面理解施工图的辅助手段，因为它比施工图更具有直观性和表现力。

作为建筑设计经常使用的透视图画法，有以下几种类型：

一、一点透视

一点透视也叫平行透视。它的表现范围广，纵深感强，适合于表现庄重、严肃的建筑形体和建筑室内空间，也适合于大量众多的小空间的表现，画法相对比较简单。缺点就是在空间的高宽比较小时，显得有些呆板。（图 2-7、图 2-8）

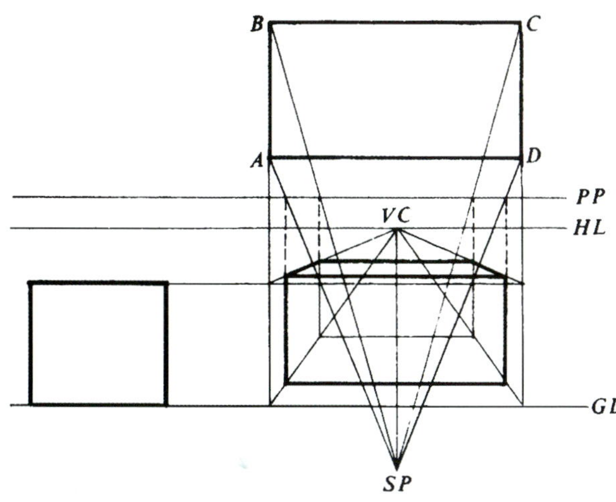

图 2-7　一点透视画法原理图

图 2-8　一点透视在建筑表现上的应用

二、两点透视

两点透视也叫做成角透视。它的表现范围更广，适合表现比较活泼自由的建筑形体和建筑空间，特别适合于大型的建筑空间和高宽比较小的室内设计表现。缺点是画法比一点透视复杂，若角度选不好，易产生局部变形。另外在两点透视的基础上如表现建筑的高耸，发展出有一个“天点”或“地点”的三点透视。（图 2–9 至图 2–11）

图 2–9　两点透视画法原理图

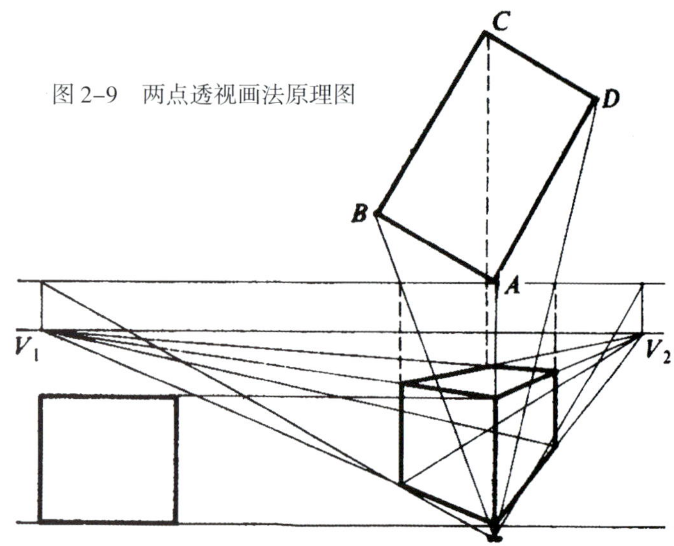

图 2–10　两点透视在建筑表现上的应用

图 2–11　三点透视在建筑表现上的应用

三、鸟瞰图

鸟瞰图也叫俯视透视图。它既可以是一点透视，也可以是两点透视。它的观看角度是由上往下看。它的特点是便于表现空间的整体关系。（图 2–12、图 2–13）

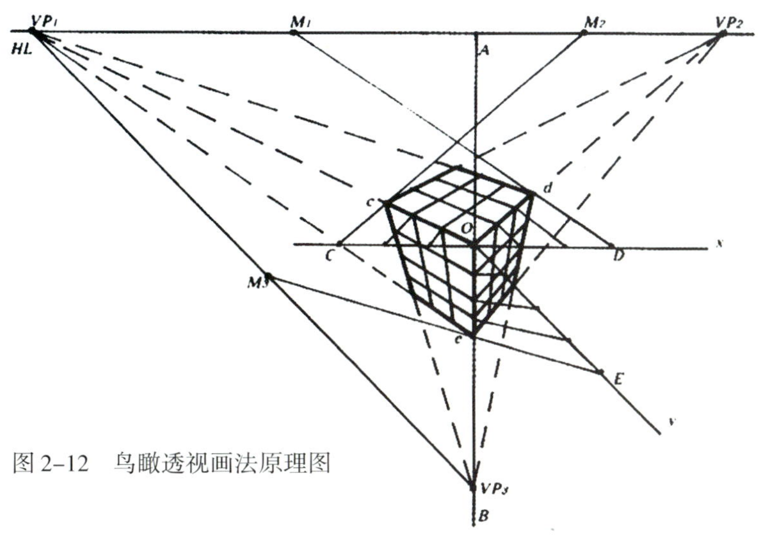

图 2–12 鸟瞰透视画法原理图

图 2–13 鸟瞰透视在建筑表现上的应用

四、轴测图

轴测图并非透视图，它是由非正视的平行投影根据空间坐标x、y、z轴产生出来的立体图形，它的三个方向的尺寸均可以按比例量出，适合表现建筑群体的空间关系和室内总体形态。它的缺点是不真实，不符合人眼的近大远小的规律。（图2–14、图2–15）

图2–14　住宅庭院轴测图

图2–15　准确表现建筑间体量和位置关系的轴测图

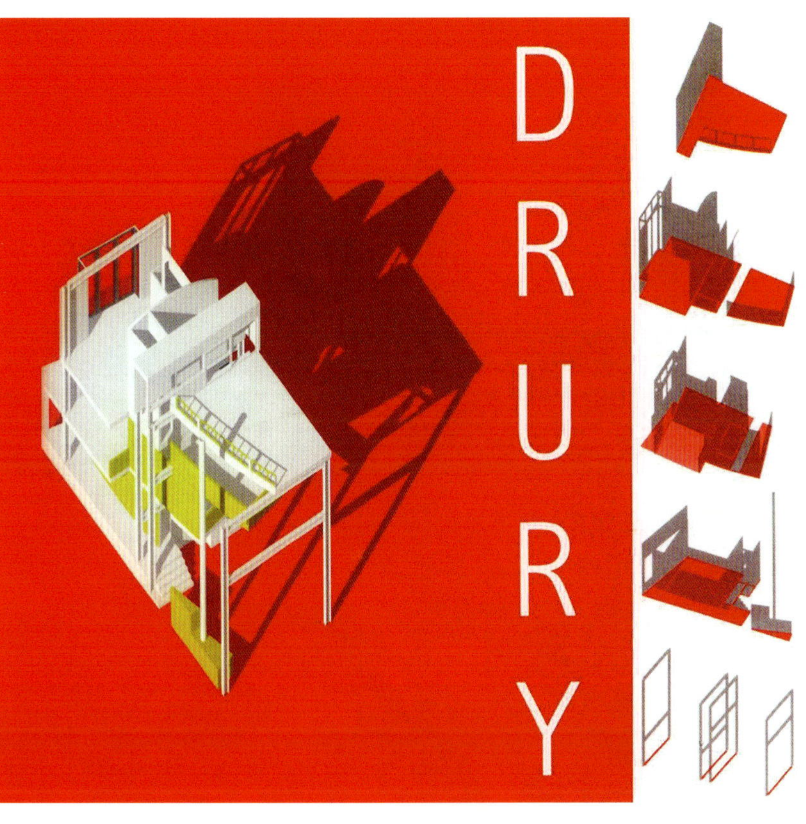

五、电脑辅助透视制图

电脑辅助透视制图能自由设定视点、视高，优化选择最佳视觉范围，不受纸张大小的限制，适合建筑形体变化多，有曲面、曲线的透视场面。（图 2–16）

图 2–16　轴测图体现的建筑透视效果

第三节　建筑设计构图与场景处理

一、建筑设计的构图

建筑设计构图意指画面的布局和视点的选择，通常也称为“经营位置”，它是建筑设计表现图的重要组成部分。

建筑设计构图，首先一定要表现出空间内的重点设计内容，并使其在画面中的位置恰到好处。所以在构图之前要对施工图纸进行完全的消化，选择好角度与视高，待考虑成熟之后可再做进一步的透视图。在效果表现图中的构图也有一些基本的规律可以遵循：

（一）主题分明

每一张建筑设计表现图所表现的空间都会有一个主体，在表现的时候，构图中要把主体放在比较重要的位置。比如画面的中部或者透视的灭点方向等等，也可以在表现中利用素描明暗调子，也就是把光线集中在主体上。（图 2–17）

图 2–17　通过明暗处理使主题建筑突出

（二）画面的均衡与疏密

因为建筑设计表现图所要表现的空间内物体的位置在图中不能任意地移动而达到构图的要求，所以在构图时选好角度，使各个部分物体在比重安排上基本相称，使画面平衡而稳定。而取得这种均衡也有两种形式：

1. 对称的均衡

在表现比较庄重的建筑空间形态时，对称是一条基本的法则，而在表现非正规即活泼的建筑空间时，在构图上往往又要求打破对称，一般情况下要求画面有近景、中景和远景，这样才能使画面更丰富，更有层次感。（图2–18、图2–19）

图2–19 通过对角线构图平衡画面重心

图2–18 以对称的形式表现庄重的建筑空间形态

2. 明度的均衡

在一幅建筑设计表现图中，素描关系的好坏直接影响到画面的最终效果。一幅好图其中黑白灰的对比面积是不能相等的，黑白两色的面积要少，而占画面绝大多数面积的应该是灰色。（图 2–20）

图 2–20　右上角的曙光使画面黑白灰的对比得到均衡

由疏密变化影响到建筑设计构图，是因为疏密本身变化处理不好，画面就会产生拥挤或分散的现象。疏密变化分为形体的疏密与线条的疏密或二者的组合。画面处理得不好，还容易缺乏层次的变化和画面的节奏感，使表现图看起来呆板，无味，未达到表现的目的。

构图的成功与否直接影响到一幅表现图的成败。不同的线条和形体在图面中产生不同的视觉和艺术效果。好的构图能体现表现图中表现内容的和谐统一。（图 2–21）

图 2–21　透过树叶和人物等配景疏密配置，不仅丰富了画面层次，亦突出了建筑

二、建筑设计的场景处理

是否具有空间感是决定建筑设计表现图中场景处理成败的关键因素。所谓空间感就是建筑设计表现图中的前后层次。在绘制过程中要尽可能地避免建筑空间平面化，以丰富画面的前后层次。这除了要靠透视中的前后关系之外，还要靠在表现过程中运用色彩的对比、光影的强弱变化、笔触的粗细大小、画面虚实表现等来体现建筑设计空间表达中“空”的含义。（图 2–22）

图 2–22　建筑色彩的冷暖对比

1. 色彩的对比

色彩由明到暗、由冷到暖、由浓到淡的退晕过渡可以体现室内空间的前后以及远近的关系。色彩的对比是体现建筑空间进深的有效手段。另外，在建筑空间的近处或远处同样存在着色彩的对比。若想着重强调近处，则加大近处的色彩对比；若想重点突出远处，则加大远处色彩的对比。当然还要与光影强弱对比协调一致。（图 2–23）

图 2–23　建筑通过开洞产生的光影的对比

2. 光影的对比

光影的强弱对比同样可以表达建筑空间的前后和远近关系。如：近处光影对比强烈，远处光影对比减弱。减弱的程度视空间的深度而定。这也不是绝对的，有时也应该灵活地运用。比如为了使画面的视觉中心集中，也可以处理成远处光影对比强烈，而近处光影对比减弱。总之，光影对比的强烈程度会产生远近不同、前后不同的效果。

3. 笔触粗细的对比

若是手绘表现建筑设计效果图，那么在画面的中心区（一般为远处）采用较细腻的笔触，而近处则采用较宽的粗笔触，这样同样可以获得空间的进深感。另外，材质的纹理的大小变化同样可以看作是笔触的粗细对比，同样可以帮我们达到相同的目的。（图 2-24）

4. 画面虚实的对比

通常结合素描关系，表现图中往往将主体刻画得比较仔细，而次要的物体表现得就比较模糊，用的色彩和光影关系比较弱。这样也很快能够体现出建筑设计的主体和画面深度。（图 2-25）

图 2-24 在表现图中通过笔触粗细的对比

图 2-25 画面虚实的对比

第三章 建筑设计的手绘表现

建筑设计师创作的主要对象是建筑设计而不是建筑表现图。对建筑设计师来说，绘画是表达设计构思的一种手段而决非目的。建筑绘画只是把计划中的建筑物如实地预先展现于画面中。所以尽管一般绘画有无数大相径庭的流派和风格，有些甚至是令人难以理解的抽象的意念，但建筑表现图却古今中外都倾向于写实，在第一印象中就要为人们所理解和接受。(图3–1)

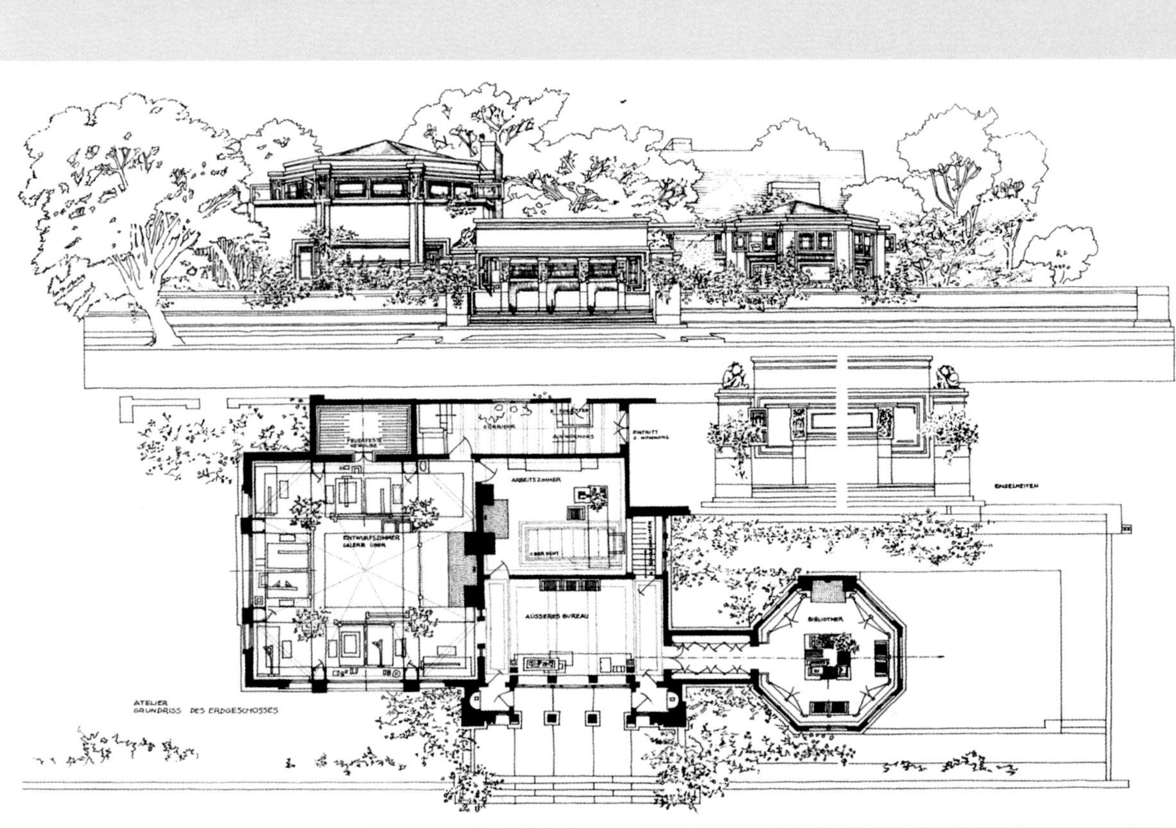

图3–1 建筑大师写实的表现手法

一般说来，最便捷的学习者是通过反复的临摹和练习来掌握一两种行之有效的技法。而且临摹要与创作结合，将临摹中掌握的方法应用到创作中。诗经中所说的“他山之石，可以攻玉”就是这个道理。

手绘表现图的学习方式大致有以下三种：

1. 循序渐进地临摹。就是由简到繁，由大到小，由细部到整体，有计划有步骤地临摹。临摹要直接用钢笔临绘，切忌“描红”和用铅笔起稿。这是手绘水平提高的关键。先从叶丛、花草、树木、人、车、家具等小单体的配景着手，逐步深入充实，一直到较完整的建筑表现图。在临摹中我们一定要注意形象的透视准确性和用笔的灵活性。我们不妨用初步掌握的技法来临绘照片或作实物速写，提高迅速记录和表达形象的能力。一开始就临摹完整复杂的建筑表现图是没有多大意义的，很难消化吸收，欲速则不达。（图3–2、图3–3、图3–4）

图 3–2　常见的玻璃幕墙表现

图 3–3　小单体的配景

图 3–4　不同配景的质感表现

2. 从习作中找出自己的难点和不足。有的放矢地找一些有关的典范临摹学习，一般可通过写生——临摹——写生——临摹……也就是问题——解决——问题——解决……的办法逐步地巩固成果。

3. 在绘制一幅正式的建筑表现图时，找一张内容条件相似的优秀范图，从全局到细部着意仿效，学习它的处理方法。经过多次反复后，可基本学习到完整的表现方法。（图3–5、图3–6）

图3–5　反光玻璃的质感表现

图3–6　简单而完整的建筑构图表现

第一节 快速手绘表现图的作用

在建筑设计的过程中，随着设计深度的不同，手绘表现图也会有不同表现侧重和表现形式。大体上表现图可分为三类：

1. 设计师的创意构思草图表现（图3–7、图3–8）

2. 设计师的方案推敲性表现（图3–9）

图3–7 简练的笔法展现出设计者流畅的思维

图3–8 构思草图多用徒手素描的形式表现

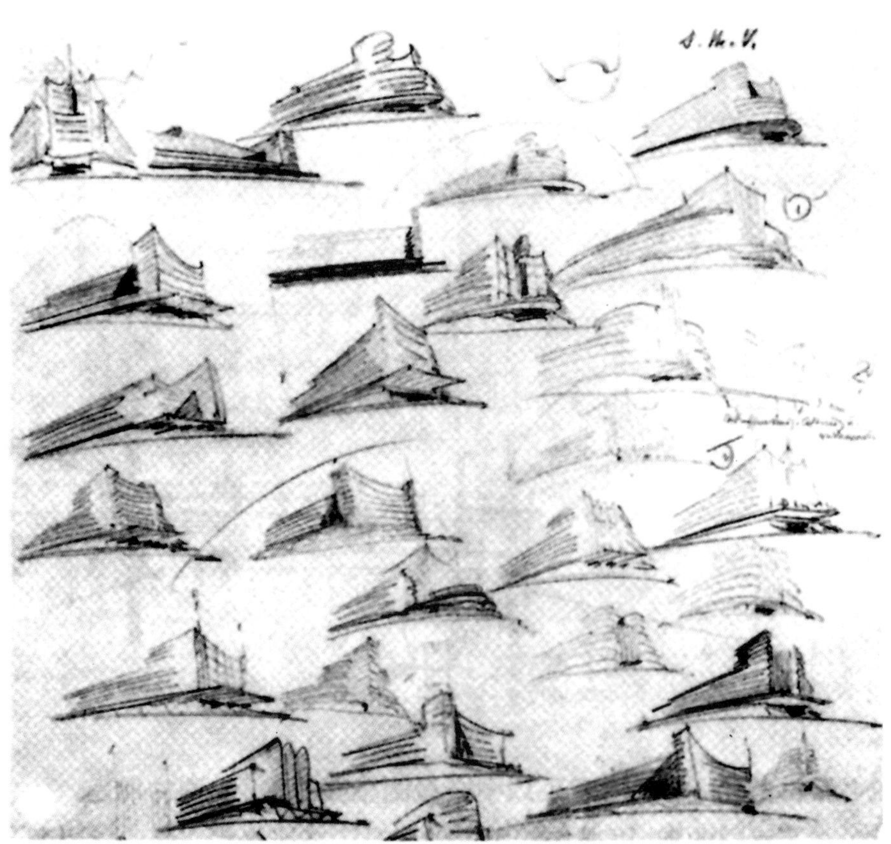

图3–9 进行方案推敲性的表现草图

图3-9 进行方案推敲性的表现草图（图3-10）

3. 设计完成后的展示性表现（图3-11）

图 3-10 展现方案结构合理性的剖视表现图

图 3-11 设计完成后用于展示的表现图

1.快速表现图作为设计师与客户进行交流的重要手段

设计师与客户初次交流是否成功常常是一个装潢项目能否落实的关键一步。设计师如果掌握了快速手绘表现图的技法，可以即时反映出客户的要求，又能够当场表达自己的设计构思，使两者之间的交流变得方便易行，在不断的修正中渐成共识，从而为争取商机奠定了基础。（图 3-12）

图 3-12 简洁、省略的表现能快速有效地表现方案构思

图 3-13 将不同方案放在同一环境中展现不同效果

2. 快速表现图作为设计师进行构思及方案比较的形式

设计师在完备掌握设计资料之后，先进行意念草图构思，引展自己的创作思路，使原始朦胧的想法逐步形象地体现出来。这时候设计师最好是在三维空间中进行推敲修改，而快速表现图则是其常用的最好形式。这种表现图既能快速地绘出，又能不断地更改方案；既有明确的形象，又有大小比例及材料的色彩、质感等，还可以与他人共同讨论和比较方案。现有如下案例依次说明。(图 3-13)

3. 快速表现图作为建筑设计的表现图

建筑表现图的表现形式是多种多样的，有写实的、装饰性的、细腻的、简略的、抽象的等等。为适应这些表现形式，表现手法也需要多样化，作画者可根据建筑形式、画的格调和构图手法等适当地采取一定的表现手法。(图 3-14、图 3-15)

图 3-14 用近似疯狂的笔触表现作者对建筑的理解

第二节　手绘表现图的基本技法和步骤

图 3-15　用卡通画的省略画法来表现建筑的环境

一、突出主题的取景

建筑设计方案首先要有一个好的想法。要体现出这种想法，我们往往先用草图的形式。其开始是原始朦胧的，通过不断推敲构划，有特征的形象就逐步显现出来。复杂一点的建筑设计都有创意草图的阶段。

在创意草图的基础上经修改就可绘制较成熟完美的表现图。开始是绘制单线轮廓透视图，然后再加阴影及色彩，其绘制的方法如下：

人的正常视域水平视平线高度为 1.6 米，而取景时不一定局限在通常的视平线高度。要根据表现对象的特点和要表现的视觉中心或亮点，选择合适的构图形式和透视角度，组织远、中、近空间的景物层次，其中可采用绿化、饰物，人为创造画面的近景，丰富和生动画面。总而言之，要将设计中最精彩的方面完美地表现出来。(图3-16、图 3-17)

图 3-17　提高视平线，将建筑漂亮的倒影展现出来

图 3-16　以平视表现出丰富的建筑空间的层次

著名建筑学家塔勃特·哈木林的建筑美学原则，有统一、均衡、比例、尺度、韵律、序列、性格、风格，其中有许多也就是建筑设计乃至表现图的构图原则。建筑设计表现图有着科学性和艺术性两个特性，前者指的是形态、色彩、材质方面的选择都需要有一定的根据，但不能过于刻板，要满足意境、气氛和艺术感染力的要求。表现图创作是主观性的创作，对所描绘的画面对象要进行改造，即采用取舍、添加、变形、省略、虚白等手段，但必须遵循上述美学原则。（图 3-18）

图 3-18　通过省略、虚白等手法突出了建筑主题

二、色彩基调的设计

一幅画要注意色调的统一和对比，统一就是指各种颜色具有相同的要素(色相、纯度、明度)而且具有连续性。对比就是为了突出重点、打破沉闷气氛，采用与整体色调相对比的颜色。整体色调决定了色彩环境的气氛，它决定于选用颜色的色相、明度、纯度和色块面积的比例大小。在绘画中首先要决定大面积的色块，然后再选定其他颜色作为次色调，最后在视觉中心可少配置些对比色彩，或采用明度对比而达到画龙点睛之效果。一般来说偏暖的色调造成温暖的气氛，偏冷的色调则产生清静素雅的格调。（图 3-19 至图 3-23）

图 3-19　天空与建筑玻璃幕墙的统一

图 3–20　天空与建筑的屋顶交相辉映

图 3–21　暖色的入口在周围冷色调的画面中成为点睛之笔

图 3-22　夸张的冷暖对比使画面绚烂夺目

图 3-23　建筑的受光面与背光面的冷暖对比使建筑的形态清晰突出

三、光与影的描绘

在表现图中，中心物最亮处留白代表高光。物体自身有受光背光，落地皆有阴影，灯光落到墙面产生斜向光影，打光地面应有物体的倒影，这些都是画面的神韵所在。（图 3-24 至图 3-27）

图 3-24　光亮的舞台与阴影下的看台对比，烘托出舞台效果

图 3-25　突出表现天棚在建筑上的投影

图 3–26　从天窗射下的光柱强化了建筑的空间效果

图 3–27　建筑内部的光影显现出建筑的空间结构

四、质感与机理表现

快速手绘表现图往往首先要保证图面轮廓线的结构准确、线条清晰，欲突出主题处可详细描绘，而次要部位可简化省略或虚白留空，给人留有想象余地。轮廓部分可略加线条阴影，但不宜过多。（图 3–28 至图 3–32）

图 3–28　不同建筑表面材质的表现练习

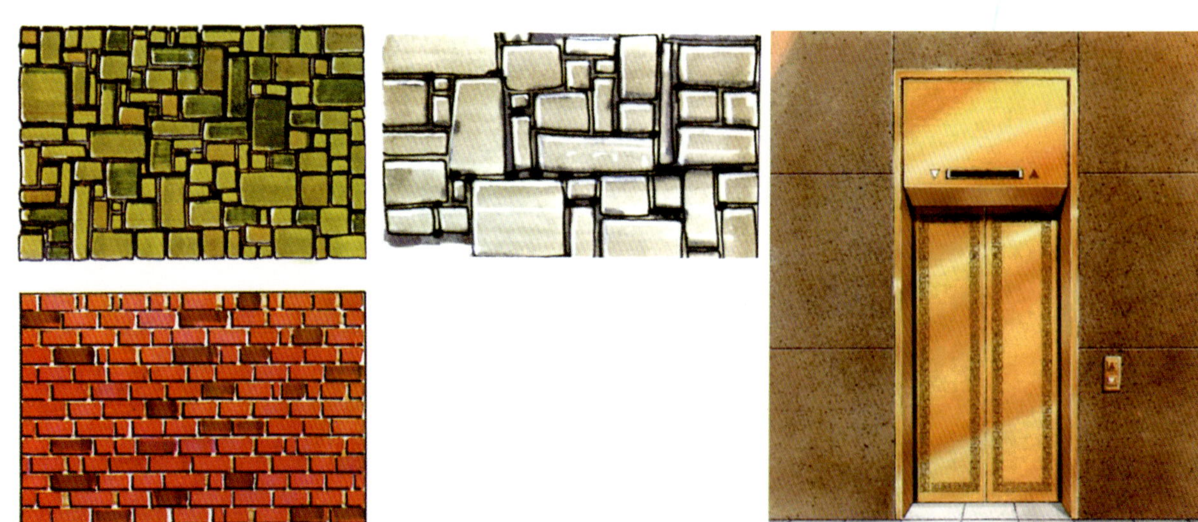

图 3–29　材质的肌理冷暖对比练习

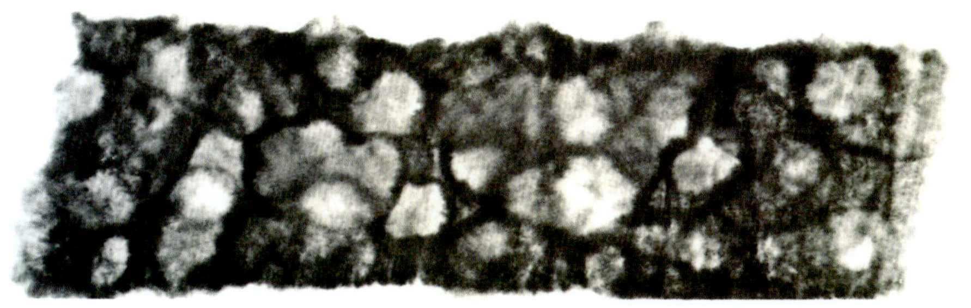

图 3–30　利用笔墨纸质的特殊效果创造新的肌理表现手段

图 3–31　不同植物肌理的表现

图 3–32　准确的质感表现能突出建筑的设计风格

五、方案展示的表现效果

表现图是介绍设计方案的重要手段，所以其展示效果也至关重要。首先要符合当前社会的审美倾向，要有一般客户皆能理解的通俗性，要有较好的宣传感染力及有超前的形象包装。当表现图作为版面展出时，要醒目，要注意 2M 视距以外的效果。初学者往往缺乏勾绘物体的素描基本功力，要加强速写临摹练习。速写持之以恒，必有收获。爱因斯坦说过：兴趣是最好的老师。一旦兴趣有了便能持之以恒，但也不能走向纯美术的道路。要注意建筑表现图是为设计服务的，表现图要有与建筑设计风格相一致的“建筑味”。（图 3–33）

图 3–33　在展示效果中适当的环境配景表现至关重要

第三节　快速手绘表现图的基本工具与技法

在建筑的资料搜集和方案的表现中，在现今电脑效果图日渐衰微的市场情势下，快速手绘表现因其灵活、快速等优势愈显突出和重要。下面就分别以主要几种快速手绘表现的技法为范例列举。

一、钢笔徒手表现图的技法

钢笔画要注意透视轮廓线布局的虚实关系。不要画得太满，留白尤为重要。有时意到笔不到为好。空间界面转折的明暗关系，线条排列的生动变化以及黑白块面的均衡都非常重要，总体上要达到气韵生动的视觉效果，以舒展流畅、变化无穷的美妙线条显示出钢笔画的神韵。

平时常作速写练习的人在作表现图钢笔勾线时就会觉得轻快自如。我们在勾线时要先将表达的内容考虑成熟，再在纸上作简单的透视布局定位，即标出视平线、灭点、物体在纸面上的大致定位分割线，然后勾线一气呵成。此时人保持轻松的心态，手上则沉稳有劲，划线明确肯定。有时为了达到艺术效果而故意将线条画出曲折不规则的形态，以求得手绘的自然美。徒手画难免不太精确，但只要不忘灭点就不会离谱，线条有些随意或弯曲也是一种自然美。画幅的收边也是一种艺术，有的线条延伸至边，有的被省略，这就形成了画面格局的穿插多变、虚虚实实、生动活泼，而不会形成死板一块。（图 3–34 至图 3–42）

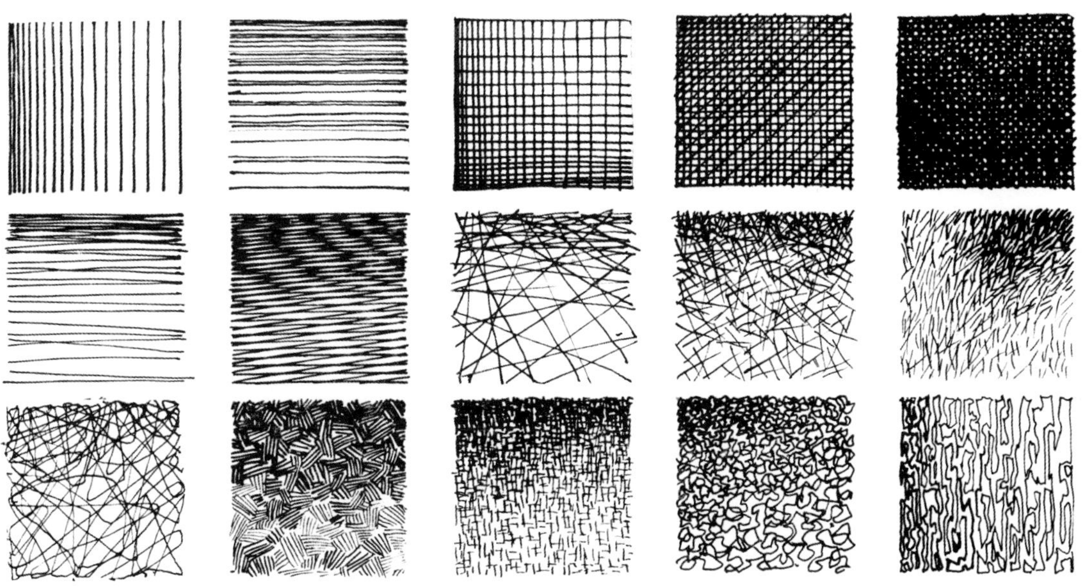

图 3–34 钢笔线条组合练习与不同质感表现的运笔技巧

图 3–35 同一构图以不同风格的线条表现

图 3–36 同一构图以不同风格的线条表现

图 3-37 透过线条的疏密表现建筑的空间体量

图 3-38 轻松随意的线条亦能充分表现建筑的空间

图 3-39 强烈的透视线条将空间的纵深感表现出来

图 3–40　墙面的留白处理恰好突出了中国传统建筑的屋面形态

图 3–41　以钢笔线条为主施以淡彩表现

图 3–42　快速的钢笔速写表现

二、彩色铅笔手绘表现图

彩色铅笔携带方便，使用简单，色彩丰富，表现手段快速简捷，非常适合快速手绘表现。尤其是水溶性的彩铅，可以结合水色，变化较多。但其覆盖性较差，不能大面积单色使用。其基本使用方法是平涂排线。排线的形式可以多样，避免呆板平淡。在实际绘图过程中，彩色铅笔往往与其他色彩混合使用，最好是作为麦克笔、钢笔的辅助工具彩色铅笔还可以采用摹拓的方法产生许多材料质感的肌理效果。也可在深色的底子阴影上画出材料肌理纹，在窗帘、地毯上画出质感，在玻璃上画出光影等很美的效果。（图3-43至图3-46）

图3-43　彩色铅笔的笔触排线训练

图3-44　以不同的排线表现画面的空间感

图 3–45 以不同的排线方式表现不同的光影变化

图 3–46 以彩铅描绘出彩，云与建筑产生虚实的对比

图 3-47　以彩铅均匀过渡的天空与建筑产生冷暖对比

图 3-48　通过彩铅轻松排线表现轻松的环境氛围

三、水彩宽笔及其渲染技法

一般采用尼龙笔。笔头略短，质量要好，笔毛过水后要收聚整齐。其作画效果可与麦克笔相协调，可用透明水色或水彩色。水彩宽笔色彩选择自由，变化较多。大面积渲染时可弥补麦克笔笔头宽度的不足。其用笔与麦克笔相似，作者须掌握好笔头用水量，收笔时要慢，尽量不留水渍。有时也可发挥其水彩用笔之特点，作大片平涂。（图 3-47 至图 3-49）

图 3-49　利用水彩透明的特性表现建筑的结构和光影

四、水粉、喷笔、麦克笔的表现技法

水粉、喷笔所使用的颜料相同，可大面积使用亦可进行精细刻画，往往主体的建筑用写实性强的厚重干画法，背景和水面用透明的湿画法，画得薄时可像水彩般透明，兼有水墨的畅快淋漓之感，画得厚重时也可有油画那种尽精微的超写实之风。但由于这两种技法费时费力，且工具、颜料携带不便，已逐渐被麦克笔、彩色铅笔、电脑表现图所取代。因此本教程着重介绍麦克笔、彩色铅笔、电脑表现图的绘制技法。（图3–50至图3–52）

图 3–50 用水彩渲染出协调的画面基调

图 3–51 用水彩表现出建筑通透而协调的冷暖关系

图 3–52 用喷绘技法表现昼夜不同光环境下的效果

麦克笔一般常与钢笔线描相结合，有水溶性和油性两种。油性的比较流畅，它溶于甲苯或松香水，所以可用其来润色，颜料用干时也可注入松香水再用。水性的用干时可注入酒精。麦克笔的色彩有限，它只能概括性或代表性地表达对象。例如，物体的背光及地面倒影用灰色，中性色画家具，浅色画光影玻璃等等。它不能套用钢笔画、水彩画的笔法来详细刻画对象，其用笔要有力度，准而果断，不宜重复或修改。笔触感明显，层次不宜多且须按顺序进行，切忌琐碎、零乱。但画无定法，各人还须在实践中去体会。（图 3–53 至图 3–59）

图 3–53 水粉的干画法自然地表现出彩云天空

图 3–54 喷绘出大致结构体面后用水粉细致描绘建筑的质感和图案

图3-55　天空背景和建筑用喷绘表现，细节部分用水粉刻画

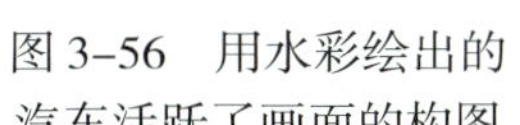

图3-56　用水彩绘出的汽车活跃了画面的构图

图 3–57　突出笔触的快速表现

图 3–58　用油性麦克笔的湿画法退晕渲染表现

图 3–59 将麦克笔的笔触与建筑结构结合起来表现

第四节　建筑手绘表现图的综合技法表现

建筑手绘表现图的综合技法表现效果如图 3-60 至图 3-69 所示。

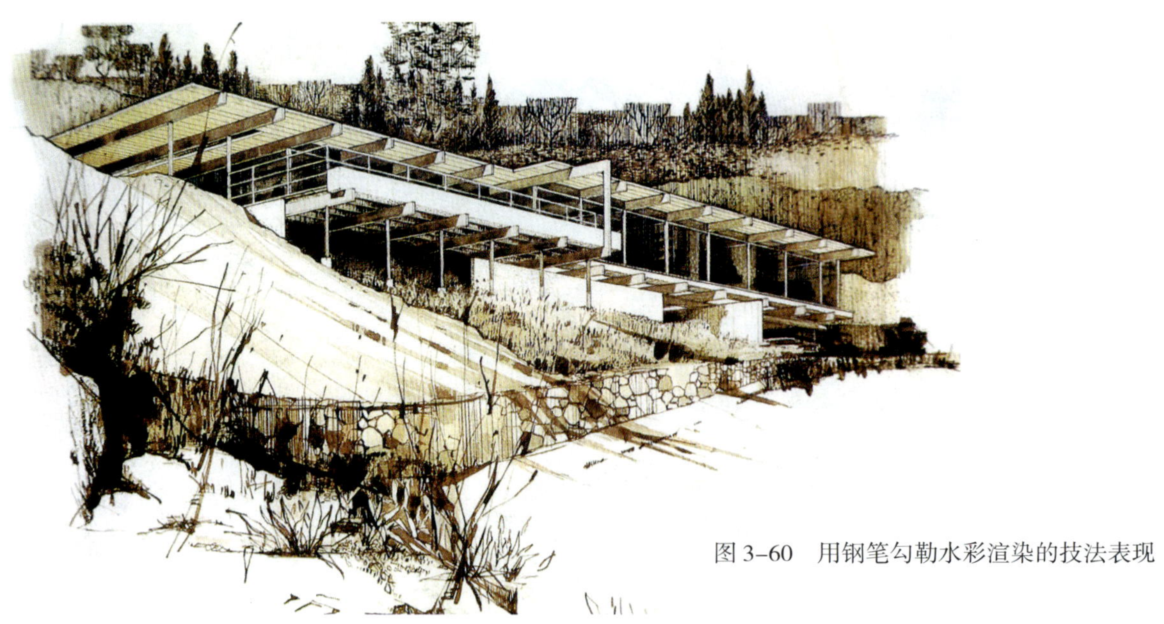

图 3-60　用钢笔勾勒水彩渲染的技法表现

图 3-61　用蛋壳拼贴水粉渲染的技法使质感格外强烈

图 3-62 巧妙地用白色水粉从色纸上提出建筑和雪景，加强了画面立体感

图 3-63 借鉴印象派点彩画法对光的描绘手法表现光感

图 3-64　利用颜料浸染的肌理表现树木

图 3-65　利用颜料浸染的肌理表现天空

图 3–66 用装饰图案的技法处理配景

图 3–67 直接用装饰图案作为背景烘托建筑

图 3-68　用钢笔勾勒，透明硫酸纸润色

图 3-69　夸张的环境色彩，油画般的笔触表现

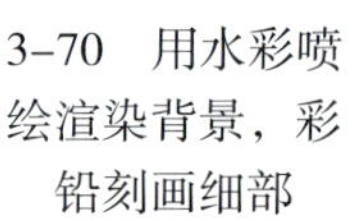

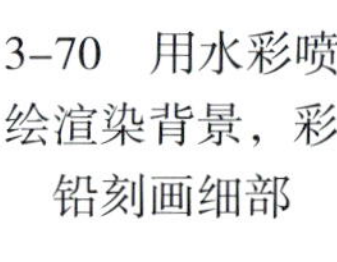

3-70　用水彩喷绘渲染背景，彩铅刻画细部

第四章 建筑表现图的单体及群组练习

建筑配景是建筑表现中不可忽视的部分。现代建筑表现往往是建筑物较为简洁而环境却较优美。一般作画者最易忽略环境的真实性和生动感。有些建筑表现只有建筑物本身，它仿佛置身于荒野，与环境的漠不相关也使得建筑物本身显得矫揉造作。现代建筑极其重视与环境的有机关系，两者相得益彰。对环境中的诸要素，如树木、花草、人物、各种交通工具等，一般作画者往往缺乏这些方面的绘画素养，特别缺乏的是建筑配景的表现规律。因此掌握一定的配景技法是必要的。以下提供一些建筑配景的参考资料以供练习。

图 4–1

第一节　建筑部分的技法

建筑物总是依据环境的特定条件设计出来的。周围的一景一物都与之息息相关。因此在画面上，建筑周围的树木、房屋、街景、道路等都必须忠实地反映出来。透视图选视点在实际环境中要有可能性，光影明暗必须符合建筑物的实际方位，也要和时间与季节相吻合，这样的建筑表现图才真实耐看。（图 4–1 至图 4–5）

图 4–2

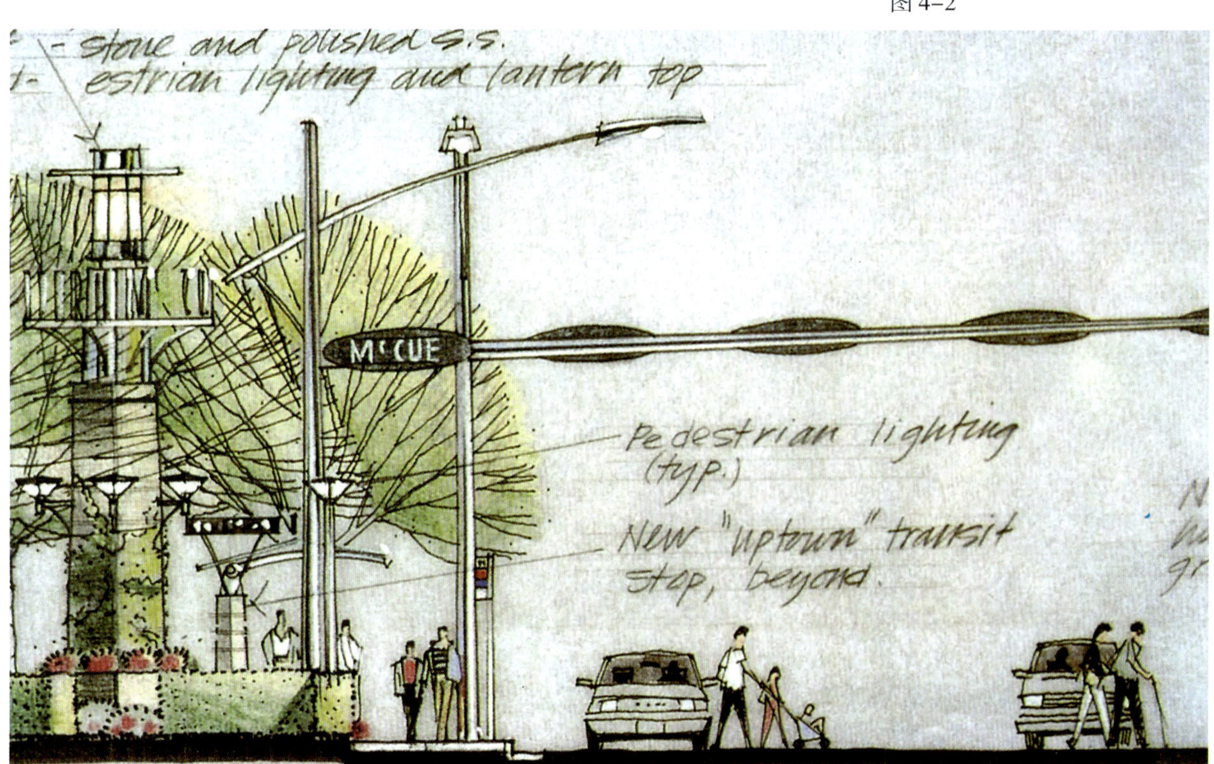

图 4–3

图 4–4

图4–5

第二节 点景植物的技法

建筑表现的配景中，最主要和最难掌握的是树木和人物。树木加强了建筑物与大自然的联系，可柔化建筑物生硬的过于人工化的体面和线。树木又是千姿百态的，对建筑物而言，树木比例尺度的恰当和形态的优美可使画面生色不少。（图 4-6 至图 4-12）

图 4-6

图 4-7

图 4-8

图 4-9

图 4-10

图 4–11

图 4–12

第三节　点景人物的技法

人物能增进画面的生活气息，可表示建筑的性质和性格，突出画面的重点，加深环境空间的深度，明确建筑物的尺度。人物的配置适当还可使画面生趣盎然。（图 4-13 至图 4-16）

图 4-13

图 4-14

图 4–15

图 4–16

第四节　山石和水景的技法

山石和水景作为建筑表现图中质感特征非常强烈的配景要素，在表现时要根据建筑的特色，表现出质感的不同肌理和在不同光线或环境影响下的微妙变化，以突出建筑的环境氛围。

（图 4–17 至图 4–22）

图 4–17

图 4–18

图 4–19

图 4–20

图 4–21

图 4–22

第五节 建筑小品与建筑背景的技法

建筑小品与建筑背景的处理主要是起衬托建筑的作用，切忌喧宾夺主，画蛇添足。（图4-23至图4-30）

图4-23

图4-24

图 4–25

图 4–26

图 4–27

图 4–28

图 4–29

图 4–30

第五章 建筑设计的数字表现

从20世纪80年代初发展起来的计算机表现图已经占领了设计的各个领域，在建筑设计的过程中无一例外也得到广泛的应用。特别是这一表现技法以它对空间尺度的准确表现，对建筑材料的写实体现，对光影变化的真实再现等一系列无可争议的优势，使建筑方案在投标中的中标率大为提高，因此在短时间内迅速地占领了绝大部分表现图市场。虽然电脑表现图的制作也是人为的制作过程，但从绘图的媒介和过程上同传统的手绘技法有着巨大的区别。(图5-1)

图5-1

第一节　计算机表现图的基本制作模式

电脑表现图制作大致可分为建模、渲染和后期制作这三个过程。因此电脑表现图的制作软件也大致分为这三类：

1. 建模常用软件有：3DS；AUTOCAD：3DMAX：3DSTUDIOVIZ；MICRO—STATION等，还有国内的专业软件公司在国外软件平台上开发的专业软件如ARCT，NTS，圆方，中望等等。

这些软件各有所长，其中AUTODESK公司的产品如AUTOCAD和KINETIX公司的3DMAX、3DVIZ等产品，以其简易精确，便于开发和与国内软件相互流通的方便占据了主要的市场。

2. 渲染常用的软件有RADIORAY，MICROSTATION和LIGHTSCAPE等。其中RADIORAY和LIGHTSCAPE具有较专业灯光和反射计算，能进行光能传递和光影跟踪等功能，可达到逼真的光影效果。缺点是需要机器的硬件配置比较高，渲染速度比较慢。

3. 平面处理常用的软件种类很多，较常见的有：ADOBE PHOTOSHOP,CORELDRAW等。这些都是功能强大的平面图形处理软件，它们不仅能对图片进行各种图形的转换，还能进行各种色彩的处理。同时PHOTOSHOP还有多种的绘画工具如：钢笔、喷笔、毛笔等等。PHOTOSHOP还有强大的图层处理功能。CORELDRAW可对图像进行矢量化处理，FRAETAL PAINTER则擅长质感和艺术创作。总之，PHOTOSHOP5.0以强大的功能成为表现图后期处理的首选软件。

由于建模、渲染的软件种类非常之多，而每种软件的专业书籍也都有许多版本，所以这里不再就具体技法方面讨论过多。

第二节　计算机表现图的形式

由于表现图的应用阶段不同而采取不同的计算机辅助表现方式大致分为：

1. 手绘的线图通过扫描进入计算机再进行平面图像的处理，这一种使用于快速表现。（图 5–2 至 图 5–3）

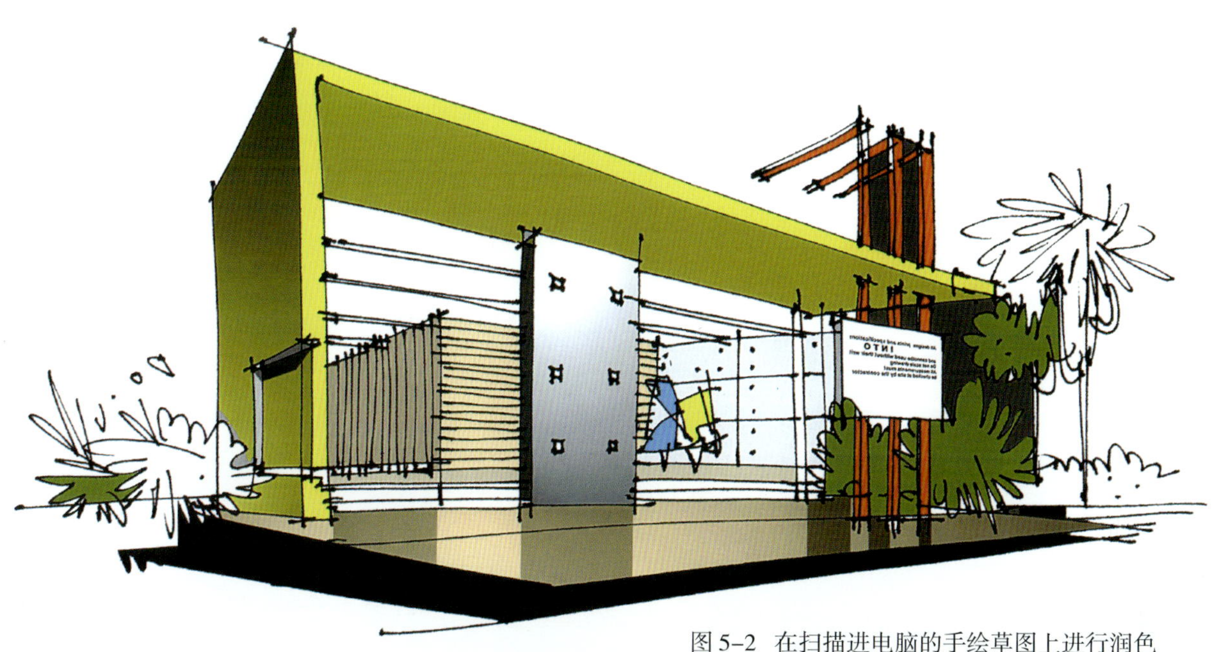

图 5–2　在扫描进电脑的手绘草图上进行润色

图 5–3　在扫描进电脑的手绘草图上进行色彩和材质的修改

2. 经过简单的建模就进行渲染，这种效果适合看草图，确定不同的方案。(图5-4至图5-5)

图5-4 将方案的各个空间结构展现出来，从各个角度来推敲空间的体量、尺度和大的比例关系，全面地传达设计者的构思

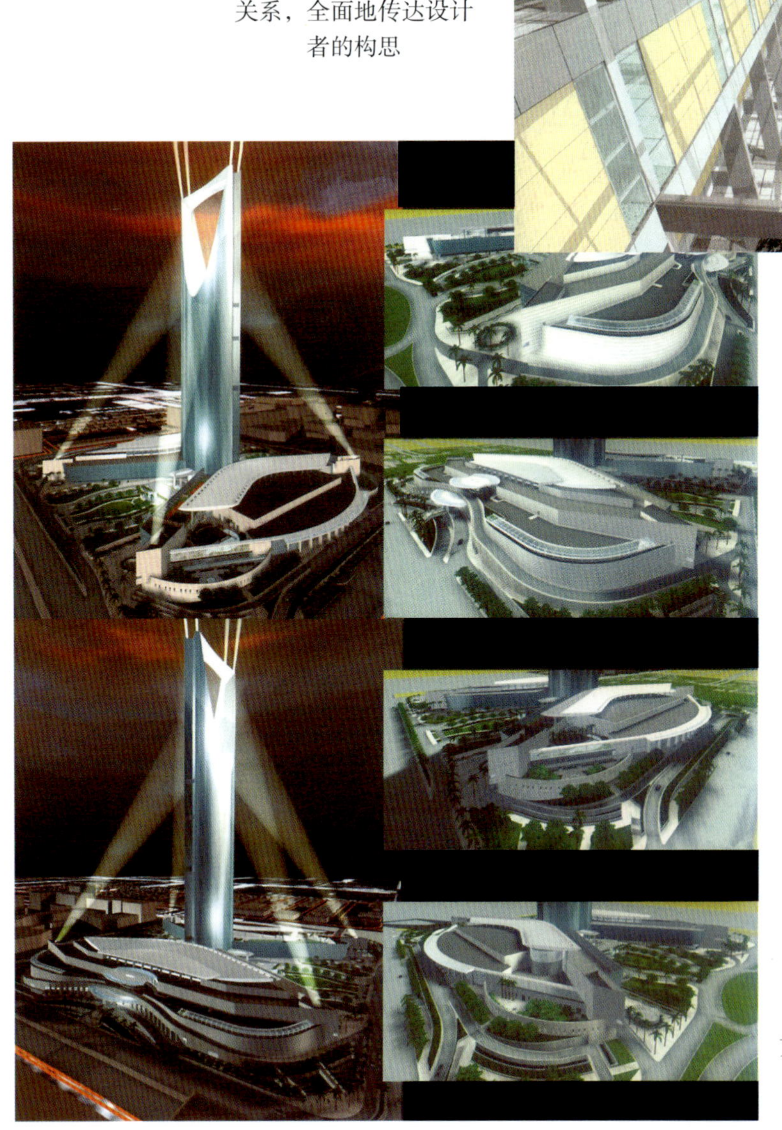

图5-5 将同一项目不同方案进行罗列，能更直观地考量方案的优劣。

3. 经过完整的建模，渲染，再进行细致的平面图像处理。这是一种完全表现过程。(图 5–6)

图 5–6　计算机的完全表现

电脑效果图最重要也是最常用的是用来表现建筑空间的实际效果。从建筑造型的细节、色彩、光影的变化，物体的质感等方面着手刻画来摹拟真实的场景，以达到工程上的使用目的。

由于以上电脑表现图的优点，使得这一技能在社会上日益普及，有很多半专业和非专业人员都争先恐后地学习这门技术。许多没有手绘表现图基础和建筑设计常识的人以为只要掌握电脑，就可以画出非常完美的建筑表现图。殊不知冰冻三尺非一日之寒，我们这几年也可从建筑投标的方案中看出手绘表现图日渐升温，匠气拙劣，工业化生产出的电脑表现图逐渐失去往日的风采。

电脑表现图的优劣与作者的建筑手绘修养有着必然的联系，学习者只有通过一定的手绘表现图训练来打好基础。在一张电脑表现图绘制的过程中，我们需要对实际空间的色、质、光进行完全的虚拟。如果平时不注意观察，没有在手绘表现图的过程中解决素描色彩关系的问题，这样所制绘出的表现图必定很难表现建筑的设计意念。

还有另外一个相反方向的认识错误，那就是有一些掌握了手绘技法的设计师在用电脑来制作表现图时，去刻意地模仿和追求手绘的效果。从工具上来讲，手绘和电脑制作的方式完全不同。从特长上来讲，手绘表现图善于表达大的气氛和效果，而电脑表现图更善于表达真实的空间氛围，如：灯光的气氛，材料的质感等。所以，电脑表现图应当发挥自己的特色，力求空间的真实感，忠实地把设计的完成效果传达给使用者。

第三节　计算机建筑表现实例

（图 5–7 至 图 5–40）

图 5–7

图 5–8

图 5-9

图 5-10

图 5-11

图 5–12

图 5–13

图 5–14

国际金融中心，香港

图 5-15

图 5-16

图 5-17

图 5-18

图 5-19

图 5-20

图 5-21

图 5-22

图 5-23

图 5-24

图 5-25

图 5-26

图 5-27

图 5–28

图 5–29

图 5–30

图 5-31

图 5-32

图 5-33

图 5-34

图 5–35

图 5–36

图 5–37

图 5–38

图 5–39

图 5–40

参考文献

1.彭一刚．建筑绘画及表现图．北京：中国建筑工业出版社，1987

2.张绮曼，郑曙旸．室内设计资料集．北京：中国建筑工业出版社，1991

3.Dole,M.E.(美)，李峥宇，朱凤莲译．美国建筑师表现图绘制标准培训教程．北京：机械工业出版社，2004

4.建筑世界出版社(韩)．国际建筑设计竞赛获奖作品 II．济南：山东科学技术出版社，1996

5.白佐尼．建筑画(2)．北京：中国建筑工业出版社，1986

6.赵曼，Andy Brown(英)．电脑建筑表现图．哈尔滨：黑龙江科学技术出版社，1995

7.R．麦加里(美)，G．马德森(美)，白晨曦译．美国建筑画选．北京：中国建筑工业出版社，1996

8. Mike W. Lin(美)，庞志辉等译．现代建筑画选．北京：清华大学出版社，1990

9. 刘宏．建筑室内外设计表现创意与技巧．合肥：安徽科学技术出版社，1999

10.吕琦．建筑与景观的设计表达．北京：中国计划出版社，2005

11.许祥华．快速手绘表现图．上海：上海科学普及出版社，2004

12.阮忠．建筑画原理与创作．合肥：安徽科学技术出版社，1999

13.李津，彭军．写生・设计．天津：天津大学出版社，2004

14.乐嘉龙．中外建筑画 1000 例．杭州：浙江科学技术出版社，1995

15.钟训正．建筑画环境表现与技法．北京：中国建筑工业出版社，1985

16.辛艺峰，王梓炀，夏克梁．建筑绘画表现技法．天津：天津大学出版社，2001

17.曹炜．RIA 日本都市建筑设计研究所日本与中国作品集．上海：同济大学出版社，2002

18.李长胜．快速徒手建筑画．福州：福建科学技术出版社，2003

19.刘铁军，杨冬江，林洋．表现技法．北京：中国建筑工业出版社，1999

20.王其钧．中国民居．上海：上海人民美术出版社，1991

21.梅洪元．世界建筑画精选．哈尔滨：哈尔滨出版社，1992

22.清水吉治(日)，马卫星编译．北京：北京理工大学出版社，2003

23.久世利郎(日)．Waterfronts．东京：株式会社新世社，1991

24.王健．彩色透视表现法．台北：茂荣图书有限公司，1987

25.岳建仁．鼎煌建筑表现艺术 I．广州：华南理工大学出版社，2004

后　记

近年来，扩招给设计教育带来了大发展，但同时也带来了生源艺术基础的良莠不齐，一些学生在实际的造型能力、设计能力、创新能力、表达能力等方面存在诸多的缺陷与不足。因此，提高学生的表达能力，特别是创新思维的表达能力，在新的设计教育发展时期，是培养高素质设计专业人才的迫切需求。

参加本教材编写的作者都是长期从事在教学第一线并有着丰富的实践经验和深厚的理论基础的教师，他们从实际出发，注重理论与实际相结合，通过大量的实际设计案例及优秀作品，以提高学生实际的设计能力和创新能力为目的，进行科学、系统的论述，力图解决目前环境艺术设计专业教学中普遍存在的学生专业理论系统和实际设计能力不强的问题。

建筑设计表现技法是设计师表达创造思维的可视化形式。本教材编写的目的在于系统地介绍在建筑设计中不同的表达方式与方法，特别是着重介绍了钢笔淡彩、马克笔、彩色铅笔等简便、快速、易学、易懂的技法、特点，这种应用广泛、实用的快速表达形式，是训练学生表达能力的有效途径。本书强调对系统基础知识的掌握，并结合实际的设计案例和经典图片，帮助学生正确地掌握方法，快速了解内容，提高实际动手能力。

本书一共分五章内容，由桂林电子科技大学设计系宁绍强撰写第一章，并在总体撰写方向及结构框架上给予把握和指导，卫鹏撰写第二章，谢杰撰写第三、四、五章的内容。限于编者水平有限，加之时间仓促，书中难免有遗漏和不足之处，希望读者在使用时提出批评和指正。

本书在编写过程中，得到了湖南工业大学包装设计艺术学院朱和平院长的指导及谭嫄嫄老师的热情帮助，在此对他们表示衷心的感谢。也感谢为此书提供编写资料及图片的老师、学生。也引用了部分网站的材料和图片资源，由于无法与作者取得联系，对他们的无私帮助表示由衷的敬意，如有不妥，表示歉意。并通过出版社与编者取得联系，当面感谢！

最后对支持本书出版的合肥工业大学出版社领导和责任编辑表示感谢！

编者

2006 年 12 月于桂林电子科技大学尧山校区